U0240107

【 单位 】

日本航空管制中使用的长度（高度）单位不是我们所用的国际单位制的基本单位"米"，而是少数欧美国家使用的英制单位"英尺"。本书中将保留"英尺"的用法，并会在后面标出相应的换算值。

· 英尺：表示长度（高度）。1 英尺等于 0.3048 米。

· 节：表示速度。1 节等于 1.852 千米 / 小时。

【 方向 】

飞机是以方位角的度数（0~360°）来表示方向的。0° 表示正北，90° 表示正东，180° 表示正南，270° 表示正西。例如，"风向 90°"是指风从正东方向吹来。

【 副驾驶和管制员的对话 】

日本民航局规定飞机的副驾驶和管制员应使用英语或日语进行对话，不过他们基本上都使用英语。本书中除了保留一部分英语对话之外，其他部分都被翻译成了中文。

【 本书中的航空用语 】

· 二次雷达应答机

这个仪器是安装在飞机上的，在收到地面雷达的无线电信号后会自动反馈信号。管制员根据它发出的信号确定飞机的准确方位。为了便于识别，每架飞机在起飞前都会获得由 4 位数组成的唯一编码。

· 气压式高度表

它根据高度越高气压越低的原理，利用飞机周围的气压测量飞机的飞行高度。气压会随着时间和地点的改变而改变，飞机需要在起飞前将气压值调整为机场的修正海平面气压。

· 油门杆

这是调整发动机推力的操纵杆。每个发动机都有一个油门杆。

· 方向舵

飞机向左或向右转向时使用。

· 升降舵

调整飞机机头上仰或下俯。

· 襟翼

飞机的增升装置。襟翼打开时，飞机的升力（使飞机上升的力）就会增大。

飞机起飞了

〔日〕千叶章弘 / 著

金海英 / 译

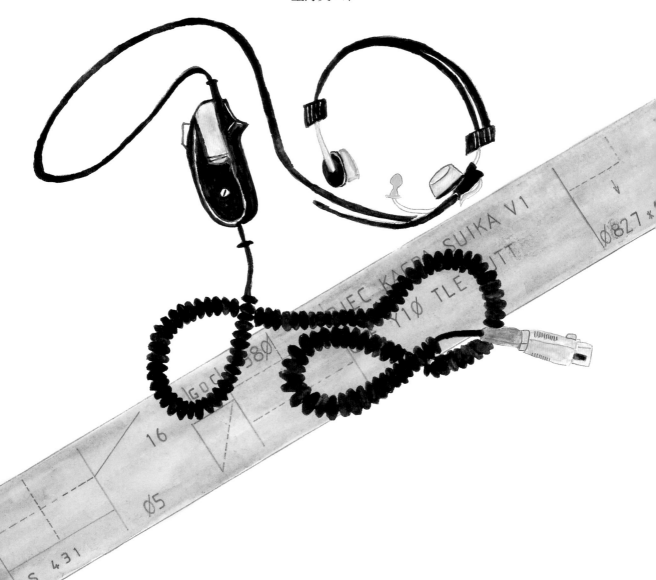

北京科学技术出版社

这里是北海道旭川机场。北海道国际航空公司（以下简称"北海道国航"）34航班停靠在3号停机位等待起飞。集装箱和燃料都已经装进货舱和油箱，旅客们也都登上了飞机。

起飞前5分钟，副驾驶坐在驾驶舱内把无线电频率调成了负责管制这架飞机的旭川机场大雪塔的无线电频率，并开始联系管制员。

副驾驶负责与管制员进行交流。

大雪塔，这里是北海道国航34航班。

现在停靠在3号停机位，请发放飞行许可，飞行高度38000英尺（11582米），目的地羽田机场。

大雪塔

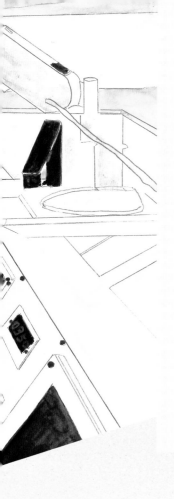

塔台管制室的广播中传出了副驾驶的呼叫声。

管制员们确认好航班、飞行高度和目的地后，将其记录在飞行计划表上，然后通过无线电回复副驾驶。

大雪塔收到。北海道国航34航班，飞行高度38 000英尺（11 582米），马上确认，请稍等。

北海道国航34航班明白。

通常情况下是由两名管制员组成一个小组来负责管制一架飞机。

管制员先和负责管制这一领域的札幌管制中心取得联系，札幌管制中心再根据当前的航道状况确认北海道国航34航班是否能按照原定的飞行高度飞行，然后通知大雪塔可行的飞行高度。

最后，管制员将结果传达给飞行员。

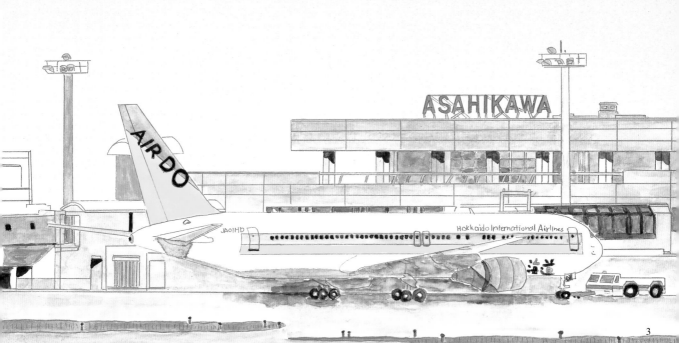

副驾驶

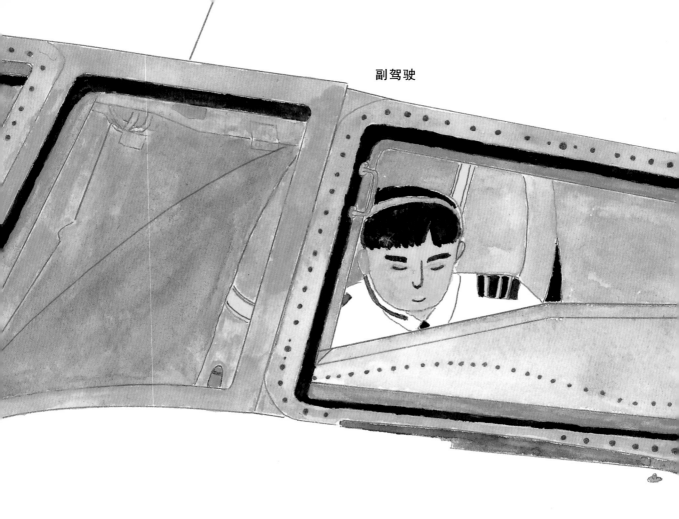

北海道国航34航班,飞行指令如下。

这里是北海道国航34航班,请讲。

北海道国航34航班,请遵照离场程序经由神乐2按原定飞行计划飞羽田机场。
飞行高度先上升到8000英尺(2438米),最终上升到原定高度38000英尺(11582米)。
二次雷达应答机设为3361。

机长

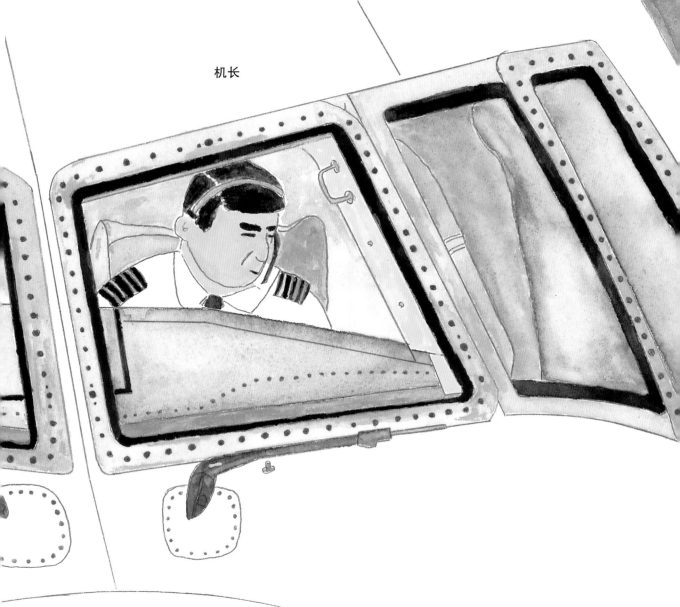

副驾驶需要把管制员说过的内容复述一遍。

 北海道国航34航班将遵照离场程序经由神乐2按原定飞行计划飞羽田机场。
飞行高度先上升到8000英尺（2438米），最终上升到原定高度38000英尺（11582米）。
二次雷达应答机已经设为3361。

 北海道国航34航班，复述正确。

 明白。

获得管制塔的批准后，飞机先关闭所有舱门，然后撤去轮挡，最后由牵引车拖离登机桥。

飞机不能自行后退，只能靠牵引车来帮助后移。

呼叫大雪塔，这里是北海道国航34航班。
请求从3号停机位拖到跑道16。

北海道国航34航班，允许拖到跑道16。
请把气压式高度表拨正为2994。

北海道国航34航班开始拖向跑道16。
气压式高度表已拨正为2994。

飞机上的红色防撞灯打开后，牵引车开始用力地拖拉飞机。
与此同时，飞机的发动机开始启动。
牵引车将飞机拖到滑行道上后就会离开，地勤人员也会撤到安全地带。
副驾驶确认这些事项后再次联系管制员。

 北海道国航34航班申请开始滑跑。

 北海道国航34航班，允许向跑道16滑跑。

 开始向跑道16滑跑。

飞机慢慢向跑道移动，地勤人员向飞机挥手致意。
飞机侧面的灯亮起以表示回应。

防撞灯

牵引车

飞机沿着滑行道向跑道靠近。

在滑跑过程中，飞行员会确认飞机的方向舵、升降舵是否有异常，并把襟翼调整到起飞位置。

北海道国航34航班，起飞准备完毕后报告塔台。

明白！

机舱内，乘务员已经向旅客讲解完安全须知，并确认旅客都系上了安全带。

最后，乘务员也都坐到了自己的座位上。

这时，机舱内响起四声提示声，安全带提示灯亮起。

之后，副驾驶开始向管制员汇报。

北海道国航34航班起飞准备完毕。

明白。北海道国航34航班，现在风向170°，风速7节（13千米/时），允许从跑道16起飞。

副驾驶需要再次回复管制员。

北海道国航34航班将从跑道16起飞。

飞机在滑行道上调转180°，进入跑道后停下来。

方向舵

升降舵

襟翼

机长确认跑道安全后，慢慢推动油门杆加大油门。

飞机终于要起飞了。

发动机开到了最大，随着"嗡"的一声巨响，飞机开始加速滑跑。

旅客在惯性的作用下会向后靠在椅背上。

随着发动机的巨响，飞机逐渐加速。

这时，副驾驶需要确认升降速度表并向机长报告飞机的速度。

80。

收到。

机长看到速度表的指针指向 80 节（148 千米 / 时）后回复副驾驶。

机长和副驾驶需要确认双方速度表上的数据一致。

aido International Airlines

北海道

V1。

飞机的速度超过了起飞决断速度。
超过这个速度后飞机就不能停下，只能继续起飞。

VR。

副驾驶告诉机长飞机的速度已经达到抬头速度，机长用力拉操纵杆。

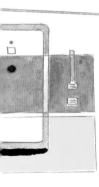

飞机的前轮首先离开地面，紧接着后轮也离开了跑道。

V2。

副驾驶告诉机长飞机已经达到起飞安全速度。

一切正常。

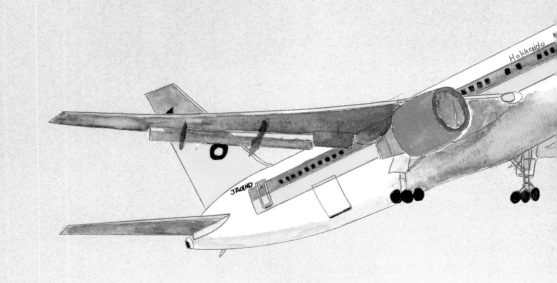

机长确认飞机爬升过程正常后回复副驾驶。

收起起落架，转入自动驾驶。

机长边说边按下自动驾驶的按钮。
副驾驶则根据机长的指示拉动起落架的操纵杆收起起落架。

地面上的东西显得越来越小。

飞机也调整襟翼以加大升力。

机长和副驾驶拿起起飞后的安全确认清单，确认所有装备是否正常。

副驾驶还要在飞机爬升过程中不断地向机长汇报飞行高度。

当飞行高度超过 4000 英尺（1220 米）时，大雪塔通过无线电重新联系副驾驶。

北海道国航34航班，请调频到132.6兆赫和札幌管制中心联系。

北海道国航34航班将调频到132.6兆赫和札幌管制中心联系。再见。

再见。

飞机的管制权由旭川机场的管制员移交给了札幌管制中心的管制员。

您好，札幌管制中心。这里是北海道国航34航班。
我们已经离开旭川机场，目前飞行高度是5500英尺（1676米）。
准备上升到8000英尺（2438米）。

北海道国航34航班，您好！这里是札幌管制中心。
请打开二次雷达应答机。

北海道国航34航班已经打开二次雷达应答机。

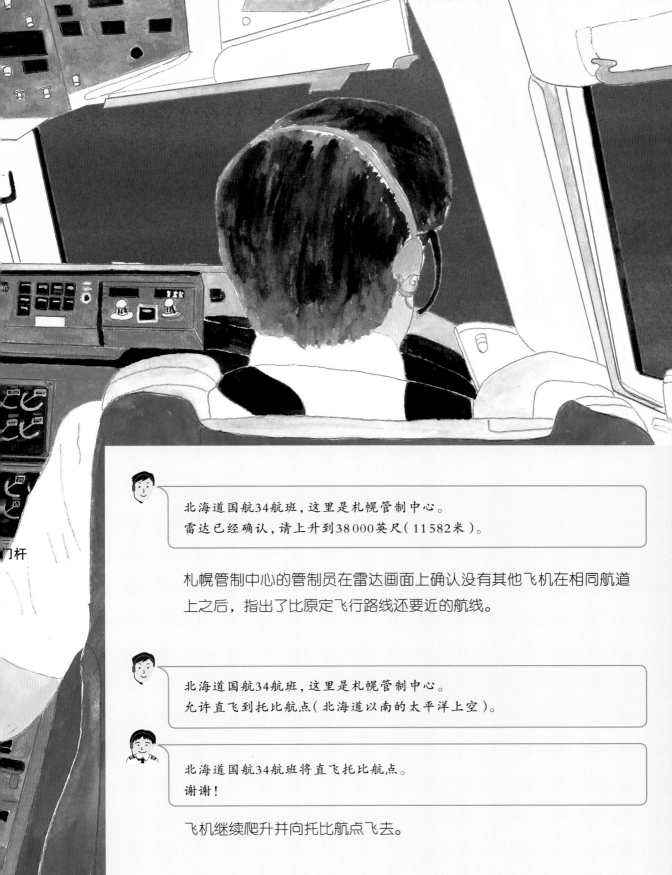

门杆

北海道国航34航班，这里是札幌管制中心。
雷达已经确认，请上升到38 000英尺（11 582米）。

札幌管制中心的管制员在雷达画面上确认没有其他飞机在相同航道上之后，指出了比原定飞行路线还要近的航线。

北海道国航34航班，这里是札幌管制中心。
允许直飞到托比航点（北海道以南的太平洋上空）。

北海道国航34航班将直飞托比航点。
谢谢！

飞机继续爬升并向托比航点飞去。

雷达

札幌管制中心的管制员看着雷达画面询问北海道国航 34 航班的副驾驶。

北海道国航34航班，这里是札幌管制中心。
前方右下角有没有其他飞机飞行？

马上确认。

副驾驶看着前方开始搜索，果然在前方右下角发现一条白线。
这是一架即将着陆在旭川机场的飞机。
虽然它离34航班还有一段很远的距离，但是管制员还是会通过
无线电通知两架飞机的驾驶员们，提醒双方多加注意。

札幌管制中心，这里是北海道国航34航班。确认有一架飞机。

明白。

飞机已经转为水平飞行状态，旅客座位上方的安全带指示灯也已
经关闭。

札幌管制中心，这里是北海道国航34航班。
我们可以直飞大子航点（茨城县大子町上空）吗？

这次是副驾驶向札幌管制中心咨询更近的飞行路线。
札幌管制中心的管制员利用雷达确认其他飞机的位置、飞行高度
和速度后回复副驾驶。

北海道国航34航班，这里是札幌管制中心。
允许直飞大子航点。

北海道国航34航班将直飞大子航点。谢谢！

所有飞机，包括我们平常乘坐的民航客机，都是按照地面管制员的飞行指令来飞行的。

空中有飞机专用的航道，途中还设置了像大子航点一样的地点来确认飞机的飞行位置。

每架飞机必须事先拟定飞行计划、定好航线，然后向管制中心提交申请。

管制员需要通过雷达画面不时地确认自己所负责领域内的飞机的飞行状态，如飞机的高度、速度和方向等，并通过无线电和飞机保持联系，确保飞机能够安全高效地完成飞行任务。

管制员还会向飞行员指出近道或发出警告让飞机及时躲避危险，为每架飞机制订最佳的飞行路线。

此外，管制员还需要把气象信息、其他飞机的位置和动向等相关信息传达给飞行员。

↑东京管制区

↓札幌管制区

北海道东区 ← →三泽东区

北海道国航34航班此次所选的近道

托比航点

旭川机场

神乐航点

原定航线

关东北区

米奇航点

羽田机场

阿见航点

大子航点

北区

日本航空有札幌、东京、福冈和那霸四个管制区。

每个管制区又细分为几个"区域",每个区域都有自己的无线电频率。

在相同管制区内飞行的飞机会通过相同的无线电频率接受管制,所以飞机驾驶舱的广播里总是会传出不同飞机的驾驶员和管制员的对话。

飞行员不仅能通过飞机的窗户、飞机上的雷达来掌握自己的飞行状态,还能通过无线电广播来了解其他飞机的实时动向。

北海道国航 34 航班的机舱内，乘务员们开始为旅客分发各种饮品。

与此同时，飞机由札幌管制中心下属的北海道东区移交给三泽东区进行管制。

飞机在一次飞行过程中会不断地由一个管制员移交给下一个管制员进行管制（我们把这个移交过程称为"管制权移交"）。

空中既没有信号灯也没有路标，飞机只能通过地面雷达由管制员进行管理和监督，从而确保飞行安全。

北海道国航 34 航班马上就要进入日本东北区的岩手县南部上空了。

从这里开始，飞机的管制权将由三泽东区所属的札幌管制中心移交给东北区所属的东京管制中心。

北海道国航34航班，这里是札幌管制中心。
请调频到118.9兆赫和东京管制中心联系。再见！

北海道国航34航班将调频到118.9兆赫和东京管制中心联系。再见！

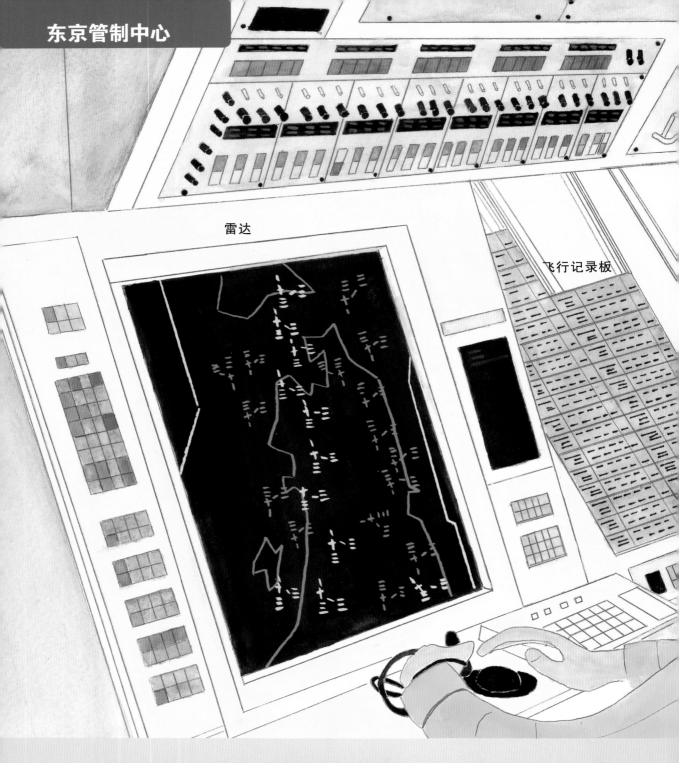

雷达

飞行记录板

北海道国航34航班进入东京管制中心的管制区域后，副驾驶把无线电频率调成了东京管制中心的无线电频率。

您好，东京管制中心！这里是北海道国航34航班。
飞机现在的高度是38000英尺（11582米），正向大子航点飞去。

26

您好，北海道国航34航班！这里是东京管制中心。

明白！正在用雷达确认。

请继续保持38000英尺（11582米）的高度飞行。

突然，飞机前方出现了一团巨大的云彩。

这是积云。

对有些飞机而言，这种会扰乱气流的大型积云或积雨云都是比较危险的"敌人"。

东京管制中心，这里是北海道国航34航班。
飞机遇到积云，请求向150°方向变更航线。

东京管制中心的管制员在雷达画面上确认没有其他飞机后回复。

北海道国航34航班，这里是东京管制中心。
收到！允许向150°方向变更航线。避开积云回到原定航线后，请报告管制中心。

北海道国航34航班明白！回到原定航线后再向您报告。

飞机缓缓向左倾斜，成功地避开了大片积云。

整个过程飞机没有出现明显的颠簸，安全回到了原定航线。

东京管制中心，这里是北海道国航34航班。我们回到了原定航线。

收到！

随后，飞机将由东京管制中心下属的东北区移交给关东北区进行管制。
飞过大子航点后，飞机逐渐降低高度开始准备着陆。

东京管制中心，这里是北海道国航34航班。请求降低飞行高度。

北海道国航34航班，收到！
允许降低高度，请以13 000英尺（3962米）高度经过阿见航点后，保持8000英尺（2438米）的飞行高度。

东京管制中心，北海道国航34航班即将降低高度，以13 000英尺（3962米）经过阿见航点，然后保持8000英尺（2438米）的飞行高度。

北海道国航34航班，请调频到119.1兆赫和负责羽田机场到港飞机的东京到港管制中心联系。再见！

收到！将调频到119.1兆赫和东京到港管制中心联系。再见！

飞机经过阿见航点后，根据东京到港管制中心的指示继续飞行。

东京到港管制中心的管制员需要管理很多架从各个方向抵达机场的飞机。

他们会根据抵达顺序为到港的飞机排好着陆顺序，并安排合理的时间间隔（2分钟以上），确保飞机安全着陆。

东京到港管制中心，这里是北海道国航34航班。我们已经降到8000英尺（2438米）的高度。

北海道国航34航班，这里是东京到港管制中心。

请向右转，机头转向240°方向，速度降到180节（333千米/时）。

着陆跑道是34号左跑道，到达顺序是第3架。

请把高度降到3000英尺（914米）。

雷达

飞机要在哪个跑道上着陆，最终取决于这次对话。

北海道国航34航班明白！

向右转，机头转向240°方向，速度降到180节（333千米/时）。

着陆跑道是34号左跑道，到达顺序是第3架。

高度已经降到3000英尺（914米）。

北海道国航34航班，这里是东京到港管制中心。

请向右转，飞向米奇航点。

允许进入34号左跑道着陆。

雷达管制到此结束。

请调频到118.1兆赫与管制塔（东京塔）联系。

北海道国航34航班明白。向右转，飞向米奇航点。

进入34号左跑道着陆。将调频到118.1MHz和管制塔（东京塔）联系。

确认速度，放下轮胎。

机长发出指令。

放下轮胎。

副驾驶重复了一遍并拉动操纵杆。

飞机放下了轮胎，完全打开了襟翼，准备着陆。

东京到港管制中心，这里是北海道国航34航班。
着陆点是55号停机位。正准备进入34号左跑道着陆。

管制塔里的管制员确认飞机着陆灯已经打开和跑道安全后回复副驾驶。

北海道国航34航班，这里是东京到港管制中心。
目前风向10°、风速6节（11千米/时），允许进入34号左跑道着陆。

北海道国航34航班即将进入34号左跑道着陆。

着陆灯

着陆灯

飞机即将着陆。

这是整个飞行过程中飞行员最为紧张的时刻。

这时，副驾驶向机长报告飞行高度。

着陆决断高度。

副驾驶告诉机长飞机下降到了着陆决断高度，离地面还有 60 米左右的距离。

机长判断飞机可以安全着陆后说道：

着陆！

扰流板

襟翼

主起

机长命令副驾驶准备着陆，并谨慎地拉动油门杆调整发动机的推力。

飞机慢慢靠近跑道。

100——80——50——，提示飞行高度的电子音回荡在驾驶舱内。

以 50 英尺（15 米）的高度飞过跑道末端时，副驾驶说道：

跑道入口！

20——10——5

随着轻微的碰撞，飞机的主起落架降落在了地面上。

此时，飞机的发动机逆向喷射，发出轰隆隆的巨响，机翼竖起起着刹车作用的扰流板。

紧接着，飞机的前起落架也降落在了地面上。

飞机的速度瞬间减缓。

就这样，飞机安全着陆了。

主起落架

前起落架

发动机逆向喷射结束后，襟翼和扰流板都被收回。

机舱内顿时安静了下来，只听见飞机的轮胎在地面上滑跑的声音。

这时，管制塔开始呼叫飞行员。

北海道国航34航班，请调频到118.225兆赫与地面管制中心联系。

北海道国航34航班明白！

将调频到118.225兆赫与地面管制中心联系。

北海道国航34航班，这里是东京地面管制中心。
请向右转，进入O滑行道。
经过W9、J9、I滑行道，滑行至55号停机位。

北海道国航34航班将右转进入O滑行道，经过W9、J9、I滑行道，滑行至55号停机位。

飞机在宽阔的羽田机场沿着指定的滑行道缓缓前行。

飞机引导员挥动手上的信号指示牌，引导飞机停到指定的停机位。

确认停机刹车，发动机已关闭。

地面上已经聚集了各种车辆并开始作业。

登机桥和飞机连接好后，旅客们一个个走下了飞机。

飞机完成此次飞行后并不能休息，而要马上开始准备下一次飞行。

飞机引导员

登机桥和飞机相连接

就在我们阅读本书时，有很多架飞机正遵照管制员制定的
航线在空中飞行。

自由飞翔的飞机

每次看到有飞机从空中飞过，我的脑海中就会浮现出"自由飞翔的飞机"这几个字。但是，实际上飞机并不是随意飞行的，它的整个飞行过程必须严格按照管制员的指令进行。

管制员会充分考虑飞机的飞行安全和飞行效率，同时负责向飞行员提供气象信息、其他飞机的位置和动向等相关信息，以确保空中交通畅通有序。这整个过程就如同管制员在天空这张大画布上画出无形的道路，飞机则按照管制员拟定的合理顺序、高度来完成一次次飞行任务。管制员又像管弦乐队的指挥家一样，有条不紊、训练有素地同时管制着多架飞机。本书所讲故事中的飞机中途只遇到过一次积云并因此更改航线，除此之外再没有改过航线。实际上，飞机一旦遇到突发状况（如发动机故障、燃料渗漏、操纵系统故障、旅客突然生病、气象灾害等），管制员就要根据飞行员的要求，优先考虑飞机的安全并下达指令。遇到紧急状况时，飞行员就会将二次雷达应答机调到 7700，将无线电频率调到 121.5 兆赫向管制员汇报情况。发出紧急求救信号后，飞机就能在当前的航空领域中被优先考虑和安排飞行。

飞行员和管制员就是这样通过无线电处理所有紧急情况的。

大家在机场是不是只注意到了飞机呢？有人注意到一些特殊车辆吗？大家看到管制塔时，估计只会想到站在塔上观景效果应该很不错之类的吧。管制员很少受到人们的关注，但是如果没有他们，飞机根本不可能安全飞行。希望大家读完本书后，当再次乘坐飞机或者看到正在航行的飞机时，能够想到那些默默地守护飞机安全的幕后工作人员。

——千叶章弘

千叶章弘

1971 年生于日本神奈川县。毕业于关东学院大学经济学部经营学科。1997–1998 年，骑单车环游日本。此后进入旭川高等技术专科学校造型设计系木工专业进修。在旭川的一家家具公司工作 8 年后，于 2010 年创立 Leaf Style 公司。曾经在三越日本桥店和银座松屋百货商厦举办木工展。本书是他的首部绘本作品。

WHO CONTROLS THE TRAFFIC IN THE SKY?

Text & Illustrations © Akihiro Chiba 2012

Originally published by Fukuinkan Shoten Publishers, Inc., Tokyo, Japan, in 2012

under the title of SORA NO MICHI (Who Controls the Traffic in the Sky?)

The Simplified Chinese language rights arranged with Fukuinkan Shoten

Publishers, Inc., Tokyo through DAIKOUSHA INC., KAWAGOE

Translation Copyright © 2020 by Beijing Science and Technology Publishing Co., Ltd.

All rights reserved.

著作权合同登记号 图字：01-2014-2549

图书在版编目（CIP）数据

飞机起飞了 /（日）千叶章弘著；金海英译. —北京：北京科学技术出版社，2020.5（2023.2 重印）
ISBN 978-7-5714-0817-6

Ⅰ. ①飞… Ⅱ. ①千… ②金… Ⅲ. ①飞机—儿童读物 Ⅳ. ① V271-49

中国版本图书馆 CIP 数据核字（2020）第 034801 号

策划编辑：肖　潇	**电　话**：0086-10-66135495（总编室）
责任编辑：刘　洋	0086-10-66113227（发行部）
封面设计：天露霖文化	**网　址**：www.bkydw.cn
图文制作：天露霖文化	**印　刷**：北京捷迅佳彩印刷有限公司
责任印制：张　良	**开　本**：787mm×1092mm　1/16
出 版 人：曾庆宇	**字　数**：38 千字
出版发行：北京科学技术出版社	**印　张**：3
社　　址：北京西直门南大街 16 号	**版　次**：2020 年 5 月第 1 版
邮政编码：100035	**印　次**：2023 年 2 月第 3 次印刷
ISBN 978-7-5714-0817-6	

定　　价：39.00 元